数字告诉你，动物界的惊人真相！

动物大数据

[美] 史蒂夫·詹金斯 著　曾菡 译

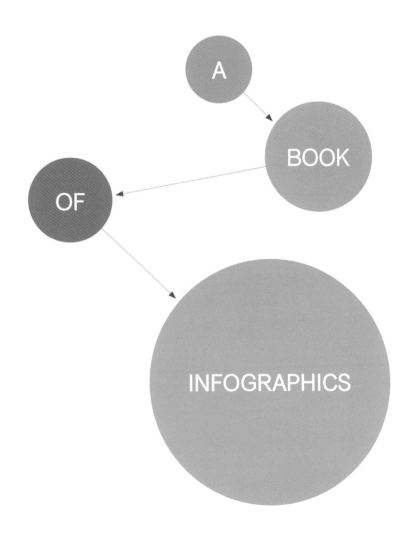

新星出版社　NEW STAR PRESS

在本书中

下图显示了不同种属的动物在本书
中出现的次数。

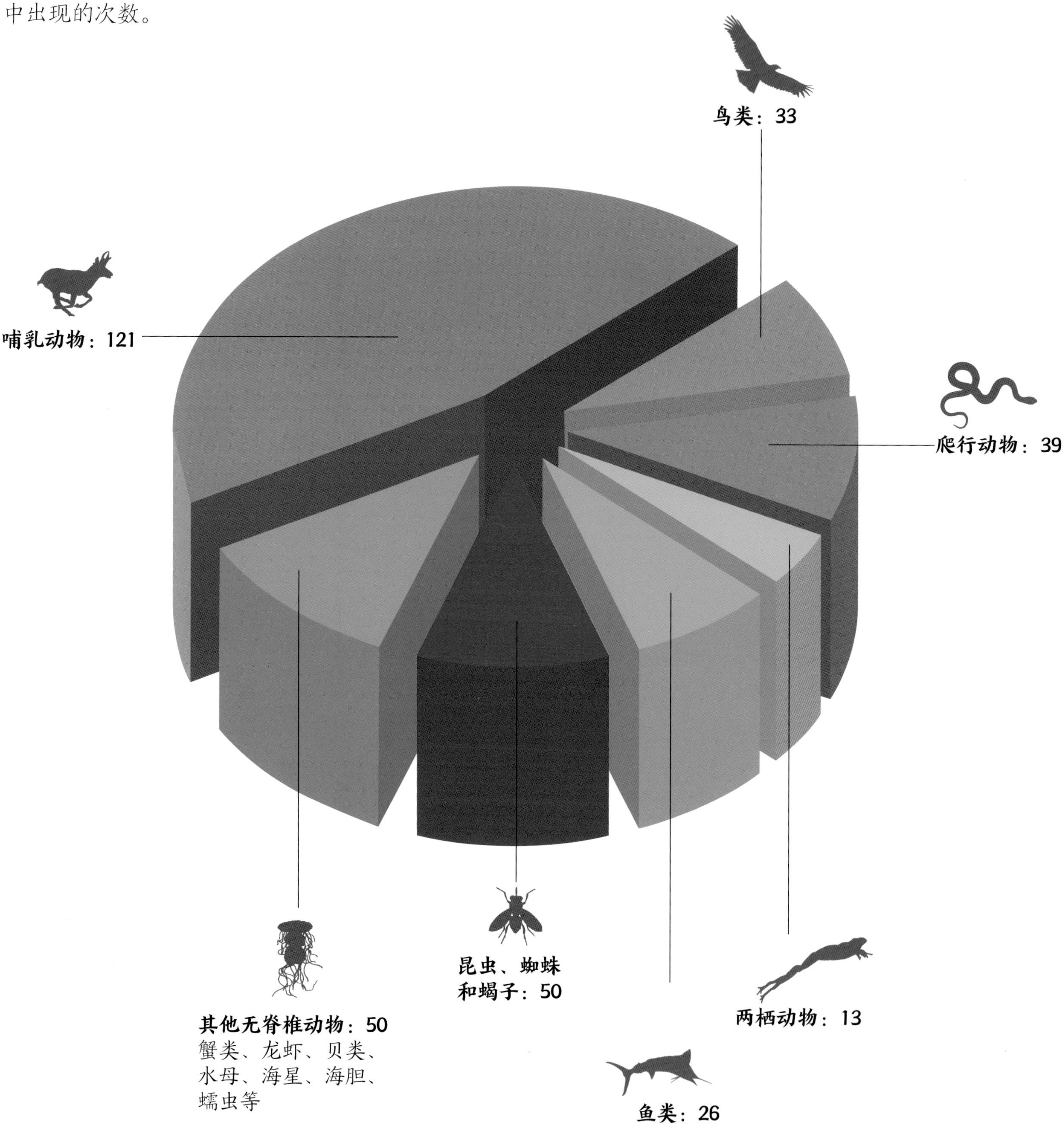

鸟类：33

哺乳动物：121

爬行动物：39

昆虫、蜘蛛
和蝎子：50

其他无脊椎动物：50
蟹类、龙虾、贝类、
水母、海星、海胆、
蠕虫等

两栖动物：13

鱼类：26

据帮助我们更好地理解这个世界。我们用数据来衡量和对比事物。数据能解释过去发生了什么，还能预测未来将会发生什么。

说到动物，数据尤其重要。鲸有多大？猎豹能跑多快？狮吼声到底有多响亮？如果没有数据，别说回答这些问题，就是提出这些问题也相当困难。

本书以各类图表形象地呈现了关于动物的事实和数据，为我们提供了新的角度看待动物，了解它们的惊人能力。

目录

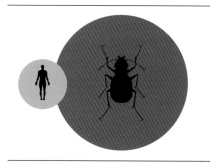

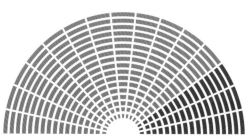

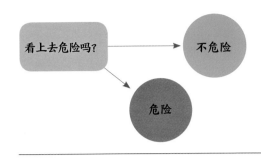

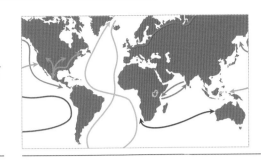

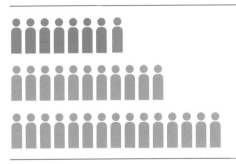

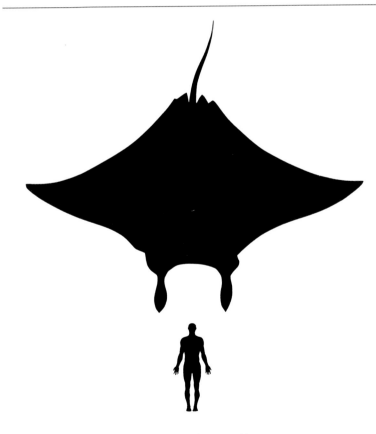

在同一比例尺下的
蝠鲼和人类

皮毛、羽毛、皮肤和鳞片

科学家通常将动物分成
两大类：脊椎动物和无
脊椎动物。

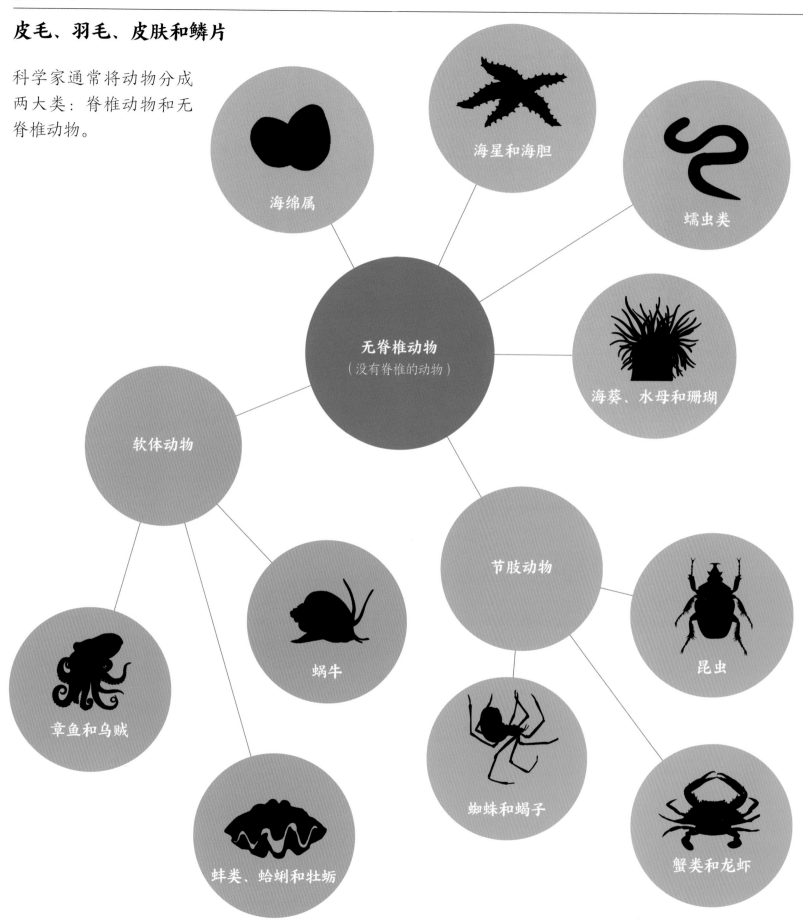

海绵属

海星和海胆

蠕虫类

无脊椎动物
（没有脊椎的动物）

海葵、水母和珊瑚

软体动物

节肢动物

章鱼和乌贼

蜗牛

昆虫

蚌类、蛤蜊和牡蛎

蜘蛛和蝎子

蟹类和龙虾

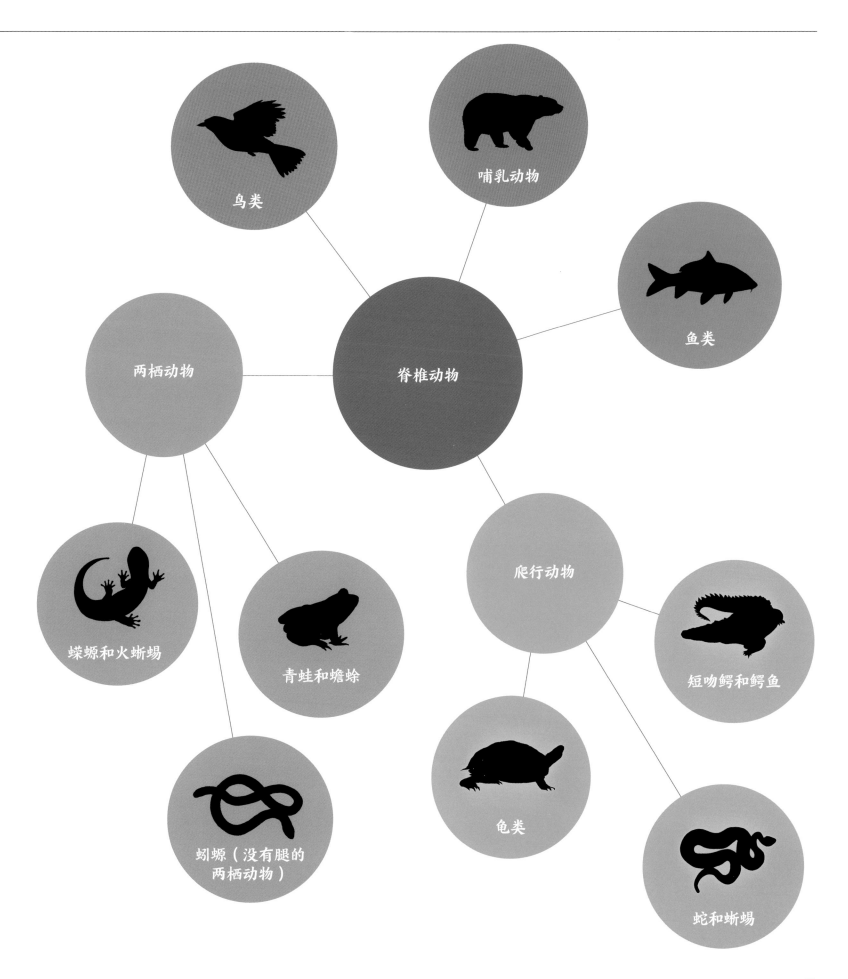

鸟类

哺乳动物

鱼类

两栖动物

脊椎动物

爬行动物

蝾螈和火蜥蜴

青蛙和蟾蜍

短吻鳄和鳄鱼

蚓螈（没有腿的两栖动物）

龟类

蛇和蜥蜴

数以百万计的动物

到目前为止，人们已命名了数百万种的动物。每年都会有数千种新的动物被发现，至今可能还有数百万种动物尚未被发现。

物种是什么？

物种就是生物学家对动物进行分类的基本单位。同一物种的成员通常在外形和行为上很接近，并且个体间可配对繁殖后代。

两栖动物
7450种

爬行动物
10000种

鸟类
10400种

鱼类
32900种

甲壳纲动物
67000种

其他无脊椎动物
72000种

软体动物
90000种

蜘蛛和蝎子
102000种

数量最多的动物是昆虫，而昆虫里种群最大的是甲虫。在所有已知动物中，每四只里就有一只是甲虫。

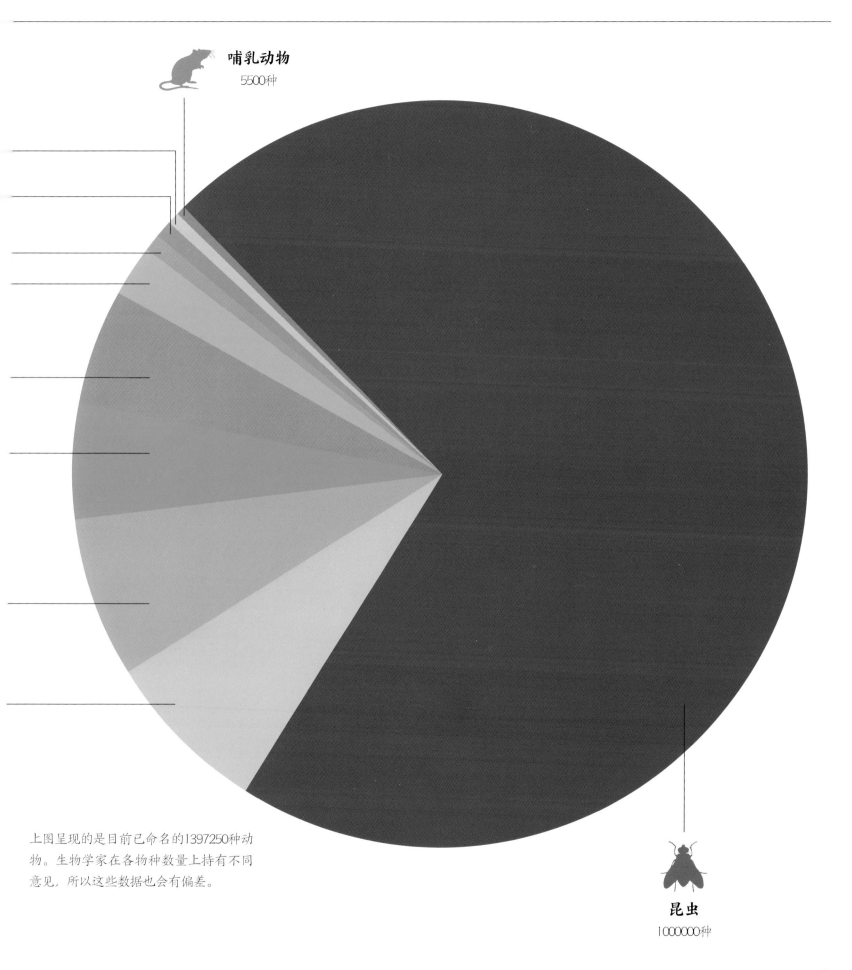

哺乳动物
5500种

上图呈现的是目前已命名的1397250种动物。生物学家在各物种数量上持有不同意见，所以这些数据也会有偏差。

昆虫
1000000种

有大有小

过去和现存的最小和最大的动物。

沧龙是一种可怕的海洋食肉动物，在6600万年前和恐龙一起灭绝。体形非常小的阿马乌童蛙是最近才被发现的。

 现存的动物

 已灭绝的动物

庞然大物

与左上角人形相比，同一比例尺下的动物大小。

1.巨牙鲨（250万年前灭绝）

2.鲸鲨

3.大灰熊

4.非洲象

5.恐鸟（公元1400年灭绝）

6.皇带鱼

7.阿根廷龙（9000万年前灭绝）

8.河马

9.地懒（6250年前灭绝）

10.蓝鲸

11.泰坦蟒（5800万年前灭绝）

12.网纹蟒

13.大王乌贼

14.蝠鲼

15.风神翼龙（6600万年前灭绝）

16.沧龙（6600万年前灭绝）

17.咸水鳄

18.帝鳄（1亿年前灭绝）

19.巨犀（2300万年前灭绝）

20.霸王龙（6600万年前灭绝）

实际大小

这些动物的实际大小与图一致，其中一些是同类中最小的实体。

1.吸蜜蜂鸟

2.侏儒虾虎鱼

3.阿马乌童蛙

4.豆丁海马

5.布鲁克西亚变色蜥蜴

6.窝妃章鱼

7.线蛇

8.大黄蜂蝙蝠

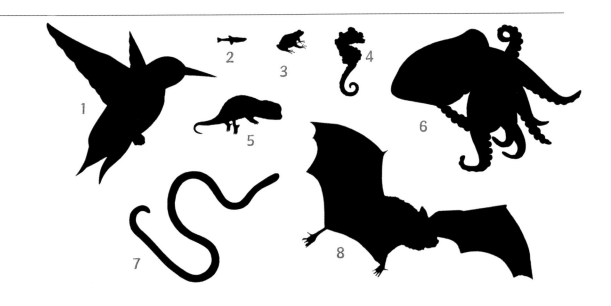

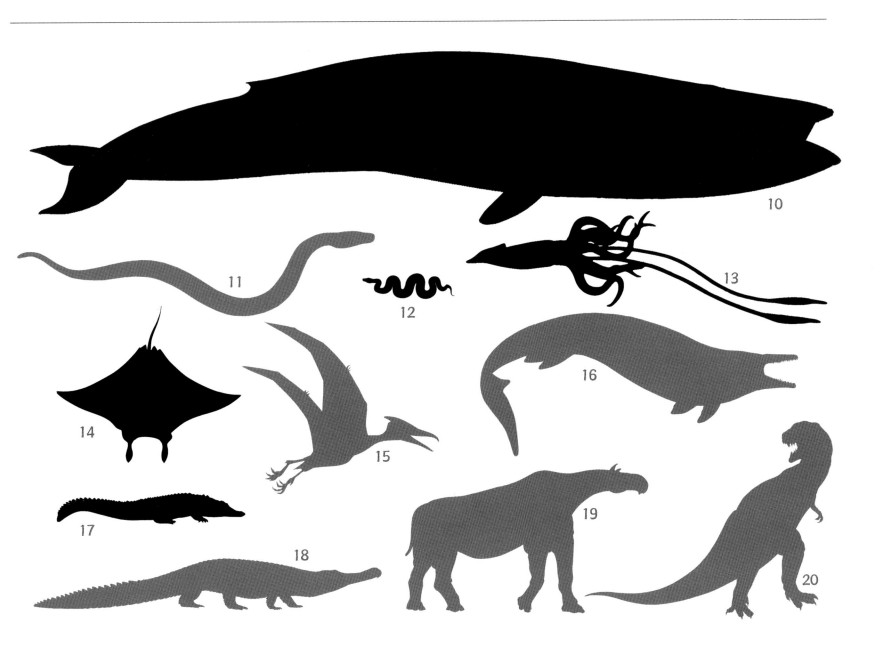

地球上所有的人加起来有多重?

把地球上所有人的体重加起来,得到的数字就是人类的生物量。但这不切实际,我们只能估计人类的生物量约为3.18亿吨。同样,我们也不可能一个个地去数世界上的昆虫或鱼。因此,生物量是科学家基于一种动物的总量和平均体重估算出来的数据。

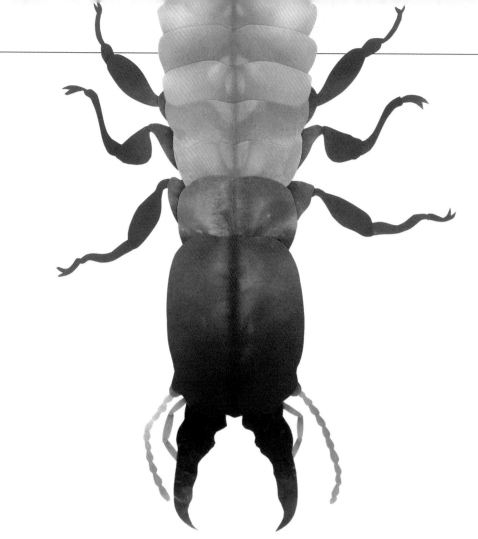

大部分人从没见过**白圆罩鱼**,这是一种小小的深海鱼。但科学家认为,白圆罩鱼和**白蚁**可能比其他任何动物的生物量都大。像这些无法准确计数的物种,对它们生物量的估计会有很大偏差。

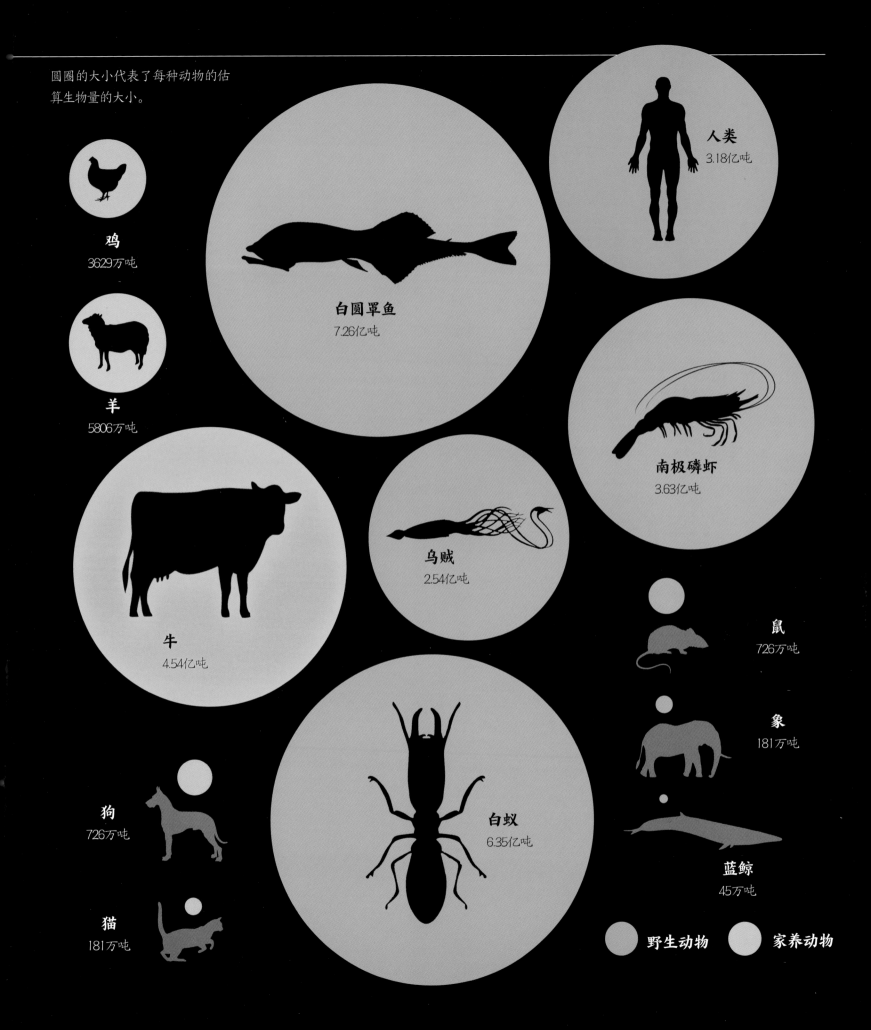

圆圈的大小代表了每种动物的估算生物量的大小。

鸡
3629万吨

羊
5806万吨

白圆罩鱼
7.26亿吨

人类
3.18亿吨

南极磷虾
3.63亿吨

牛
4.54亿吨

乌贼
2.54亿吨

鼠
726万吨

象
181万吨

白蚁
6.35亿吨

狗
726万吨

蓝鲸
45万吨

猫
181万吨

野生动物　　家养动物

那么，重量级的冠军是

昆虫！据估算，地球上所有昆虫
加起来的重量几乎是人类总重量
的300倍。

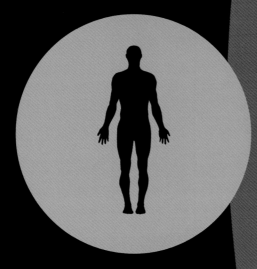

人类
3.18亿吨

那么，重量级的冠军是

昆虫
907.85亿吨

到底有多快？

动物飞行、奔跑和游动
的最快速度

许多动物想要生存下
来，必须行动迅速。
不论是捕猎还是逃
生，都要靠速度。

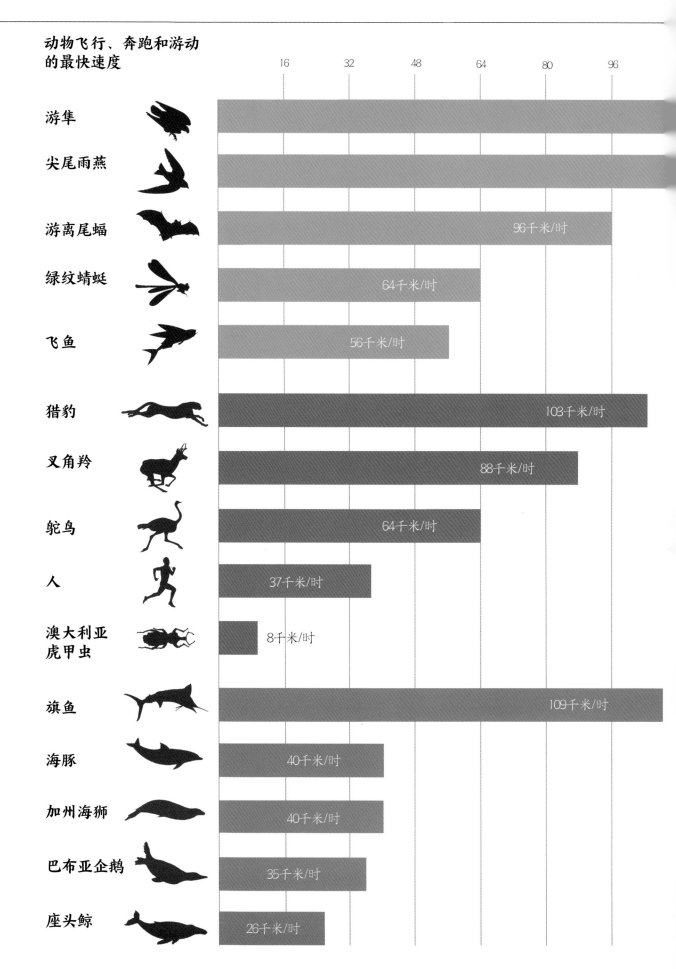

16	32	48	64	80	96

游隼

尖尾雨燕

游离尾蝠 — 96千米/时

绿纹蜻蜓 — 64千米/时

飞鱼 — 56千米/时

猎豹 — 103千米/时

叉角羚 — 88千米/时

鸵鸟 — 64千米/时

人 — 37千米/时

澳大利亚
虎甲虫 — 8千米/时

旗鱼 — 109千米/时

海豚 — 40千米/时

加州海狮 — 40千米/时

巴布亚企鹅 — 35千米/时

座头鲸 — 26千米/时

飞行速度

奔跑速度

游速

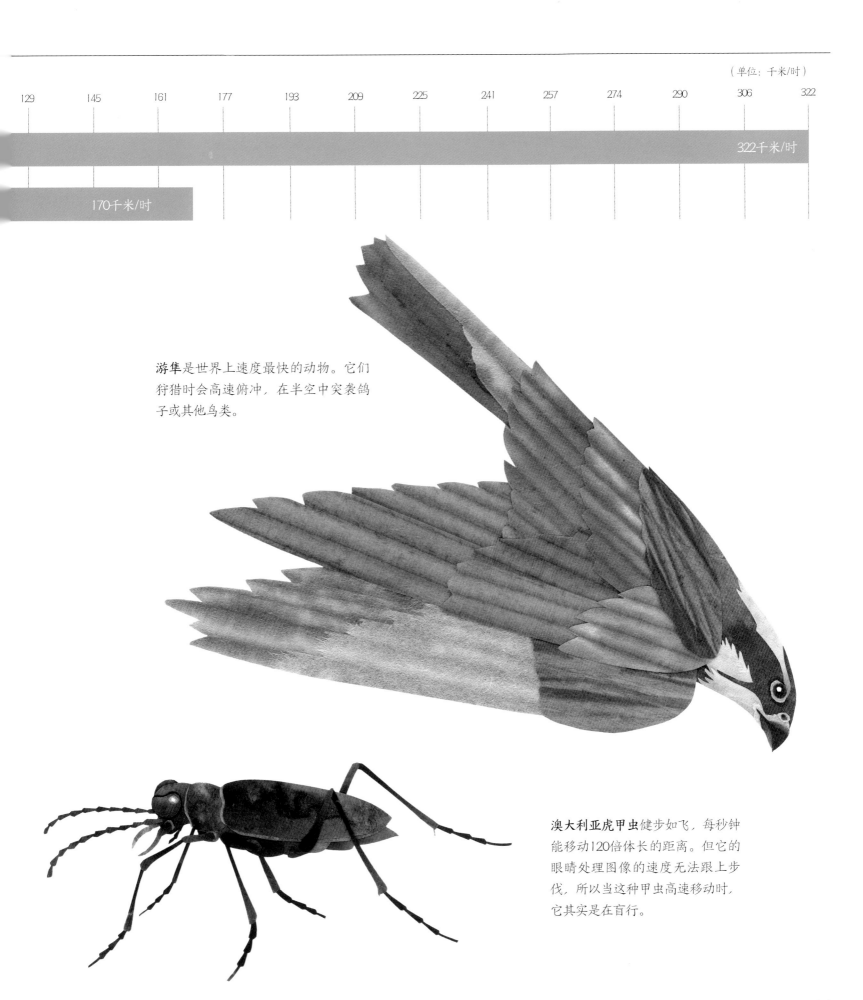

| 129 | 145 | 161 | 177 | 193 | 209 | 225 | 241 | 257 | 274 | 290 | 306 | 322 |

322千米/时

170千米/时

游隼是世界上速度最快的动物。它们狩猎时会高速俯冲，在半空中突袭鸽子或其他鸟类。

澳大利亚虎甲虫健步如飞，每秒钟能移动120倍体长的距离。但它的眼睛处理图像的速度无法跟上步伐，所以当这种甲虫高速移动时，它其实是在盲行。

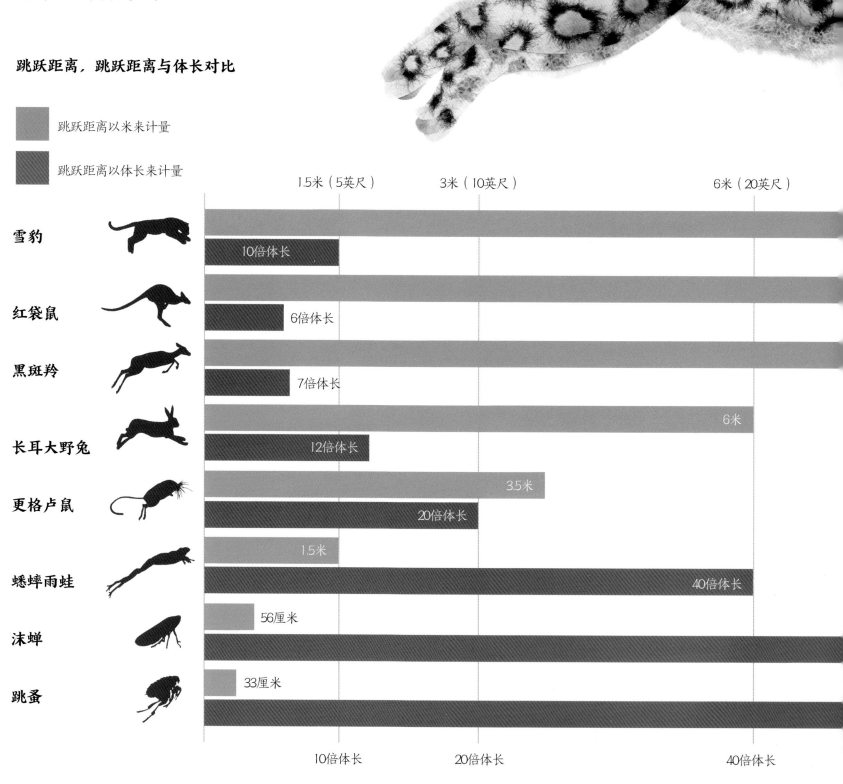

跳起来！

有些动物捕猎时会埋伏在一旁，
待时机成熟时突然朝猎物扑过
去。还有些动物在遭遇袭击时会
利用跳跃能力逃生。

跳跃距离，跳跃距离与体长对比

■ 跳跃距离以米来计量

■ 跳跃距离以体长来计量

		1.5米（5英尺）	3米（10英尺）	6米（20英尺）
雪豹				
	10倍体长			
红袋鼠				
	6倍体长			
黑斑羚				
	7倍体长			
长耳大野兔				6米
	12倍体长			
更格卢鼠			3.5米	
		20倍体长		
蟋蟀雨蛙		1.5米		
			40倍体长	
沫蝉	56厘米			
跳蚤	33厘米			

10倍体长　　　　20倍体长　　　　40倍体长

18

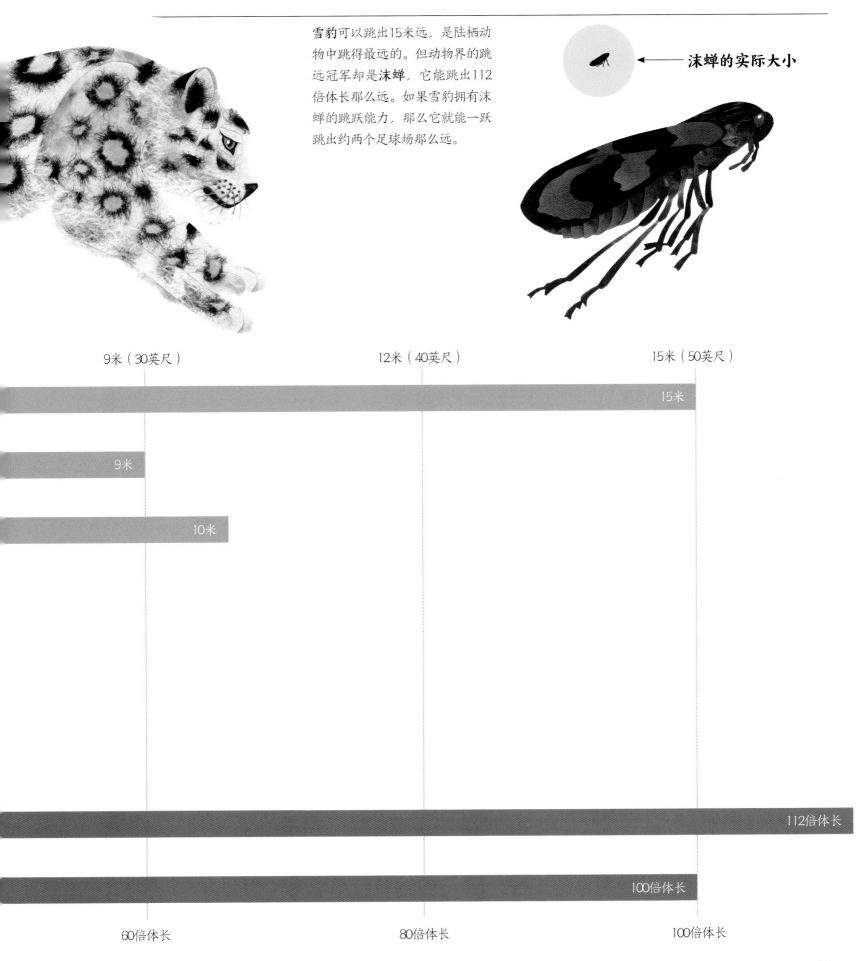

雪豹可以跳出15米远，是陆栖动物中跳得最远的。但动物界的跳远冠军却是沫蝉，它能跳出112倍体长那么远。如果雪豹拥有沫蝉的跳跃能力，那么它就能一跃跳出约两个足球场那么远。

沫蝉的实际大小

9米（30英尺）　　　　12米（40英尺）　　　　15米（50英尺）

15米

9米

10米

112倍体长

100倍体长

60倍体长　　　　　　80倍体长　　　　　　100倍体长

拍得更快些！

动物们必须拍打翅膀才能飞起来。一般来说，在空中停留时，动物体形越小，拍打翅膀的速度就必须越快。

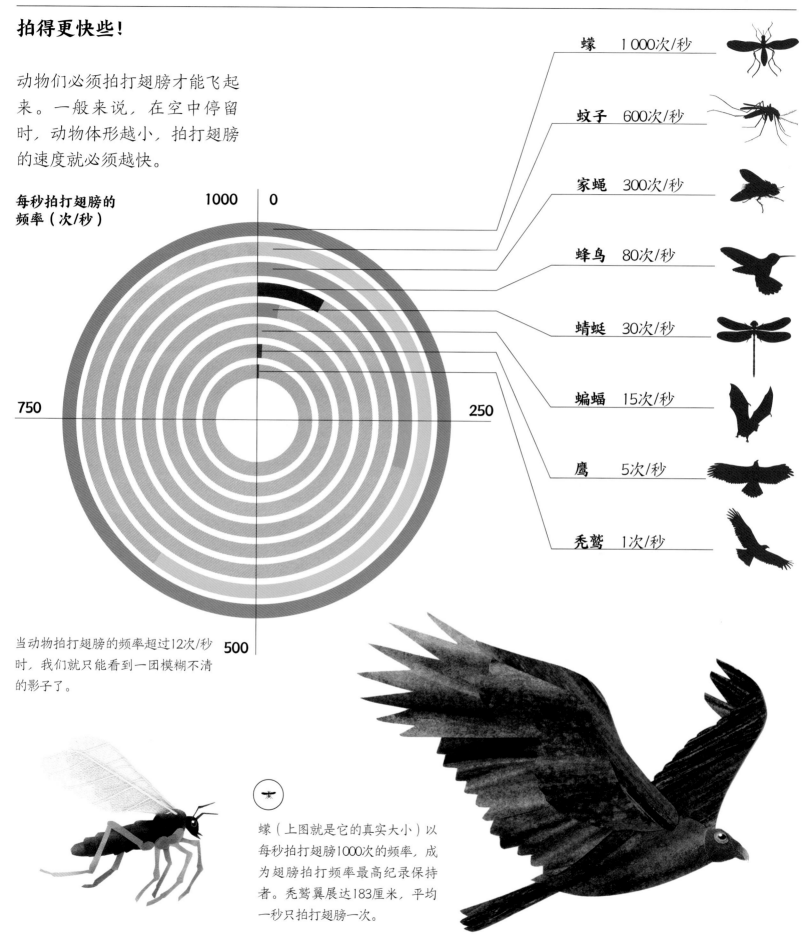

每秒拍打翅膀的频率（次/秒）

1000 0

750

250

500

当动物拍打翅膀的频率超过12次/秒时，我们就只能看到一团模糊不清的影子了。

蠓 1000次/秒

蚊子 600次/秒

家蝇 300次/秒

蜂鸟 80次/秒

蜻蜓 30次/秒

蝙蝠 15次/秒

鹰 5次/秒

秃鹫 1次/秒

蠓（上图就是它的真实大小）以每秒拍打翅膀1000次的频率，成为翅膀拍打频率最高纪录保持者。秃鹫翼展达183厘米，平均一秒只拍打翅膀一次。

睡得真香

大部分动物都会睡觉，或者是看起来在睡。要判断一条蠕虫或其他简单生物是否在睡觉相当困难，但我们已经确定，所有的哺乳动物和大部分爬行动物都需要睡觉，甚至还可能会做梦。

长颈鹿、马和许多其他食草动物经常站着睡觉。危险来临时，这种睡觉方式有利于它们迅速逃跑。蝙蝠头朝下睡觉的姿势，让它们松开树枝就能飞起来。

 非睡眠时间

■ 睡眠时间

在一天24小时里，动物会睡几个小时？

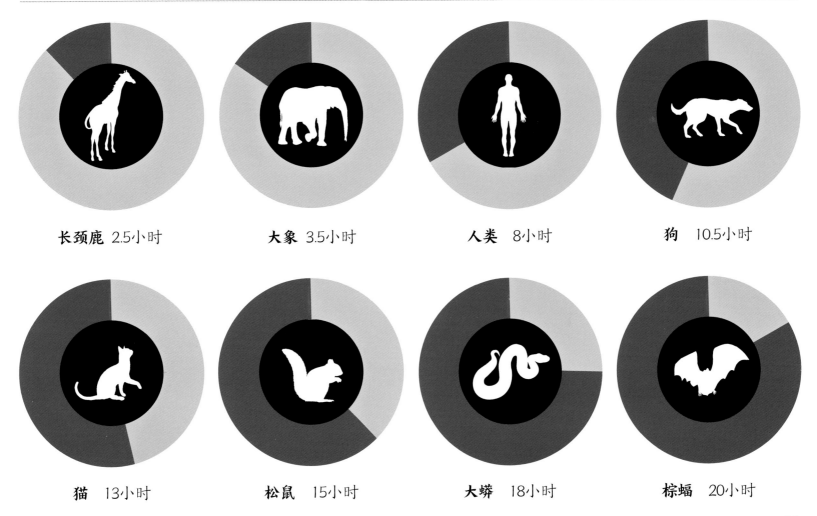

长颈鹿 2.5小时 　　**大象** 3.5小时 　　**人类** 8小时 　　**狗** 10.5小时

猫 13小时 　　**松鼠** 15小时 　　**大蟒** 18小时 　　**棕蝠** 20小时

长寿和短命

有些动物的一生长不过一天，而有些生物能活几百年之久。

这只507岁的圆蛤保持着动物最长寿纪录。它原本可以活得更久。但科学家们没有意识到它的古老就把它冷冻起来了，他们原本打算之后再分析这只圆蛤的年龄。

昆虫和蜘蛛

鱼类

爬行动物和两栖动物

鸟类

哺乳动物

其他无脊椎动物

最长寿纪录（按年计）

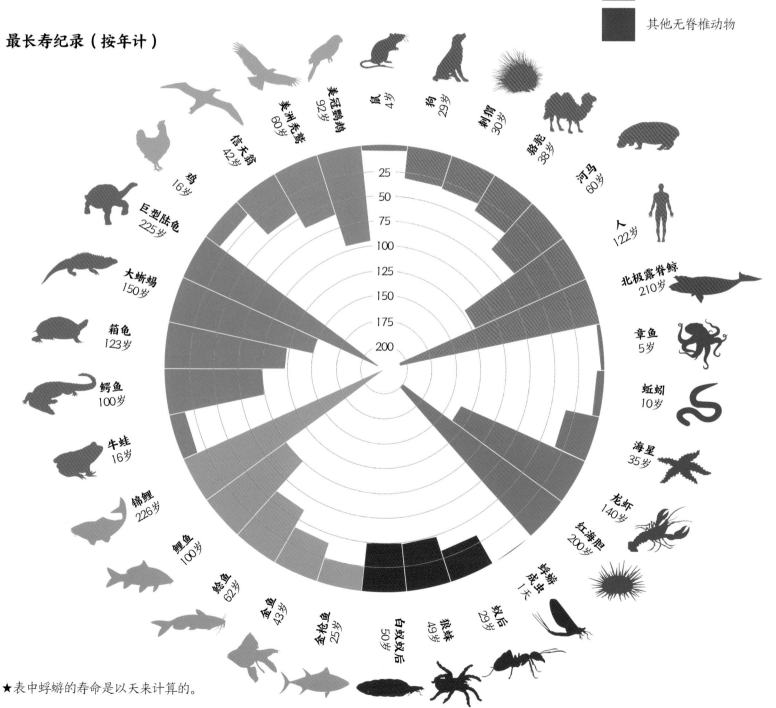

★表中蜉蝣的寿命是以天来计算的。

轻颤还是心跳如雷？

温血动物的心率与体形大小相关。大型动物的心率通常比小型动物的更缓慢。

成人手掌与蜂鸟心脏、人类心脏的大小对比

蓝鲸心脏与两个小孩的大小对比

心率与体重

蜂鸟	鼩鼱	老鼠	鸡	兔子	猫	人	马	大象	蓝鲸
1200次/分	800次/分	650次/分	275次/分	200次/分	130次/分	70次/分	35次/分	30次/分	10次/分
3克	9克	21克	1.75千克	3千克	4.5千克	64千克	454千克	5443千克	181000千克

♥ 每一颗桃心 = 10次/分

庄重的头饰

拥有角的动物通常是族群中的雄性。如果雌性也拥有角，那么它们的角通常比雄性的小。这大概是因为雄性经常用角来搏斗，争夺配偶或地盘。

鹿和麋鹿头上的角是由骨头构成的，每年都会脱落和再生。其他动物的角则是永久的，会在一生中持续生长。

角的长度

正如上图所示，角的长度是沿着弧度来测量的。右图中的柱状图标出了以这种方式测量出的角的长度。

雄性**扭角林羚**拥有动物世界里最长的角。

183厘米（6英尺）

152厘米（5英尺）

122厘米（4英尺）

91厘米（3英尺）

61厘米（2英尺）

30厘米（1英尺）

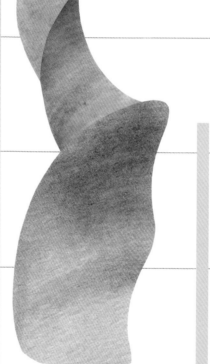

捻角山羊

163厘米

印度羚

69厘米

瓦图西长角牛

107厘米

和其他长角动物一样，**杰克森变色龙**和**白犀牛**的角由覆盖着角蛋白的骨骼组成。而角蛋白正是组成我们的头发和指甲的物质。

扭角林羚

183厘米

白犀牛

152厘米

杰克森变色龙

2.5厘米

野山羊

100厘米

弯角大羚羊

122厘米

张嘴说"啊"

许多动物用长长的舌头来捕捉昆虫。还有些动物会伸出舌头去吃够不到的叶子或花蜜。这些动物中有一小部分的舌头比它们的身体还长呢。

大食蚁兽能把舌头伸得比其他任何动物都远。每天，它能用这条长长的舌头"哧溜哧溜"地吃掉30000只白蚁。

变色龙的舌头可以掠走一只飞行中的苍蝇。

动物的舌头有多长呢?

		20厘米 （8英寸）		41厘米 （16英寸）		61厘米 （24英寸）

大食蚁兽
61厘米

变色龙
53厘米

长颈鹿
51厘米

马岛长喙天蛾
30厘米

马来熊
25厘米

花蜜长舌蝠
9厘米

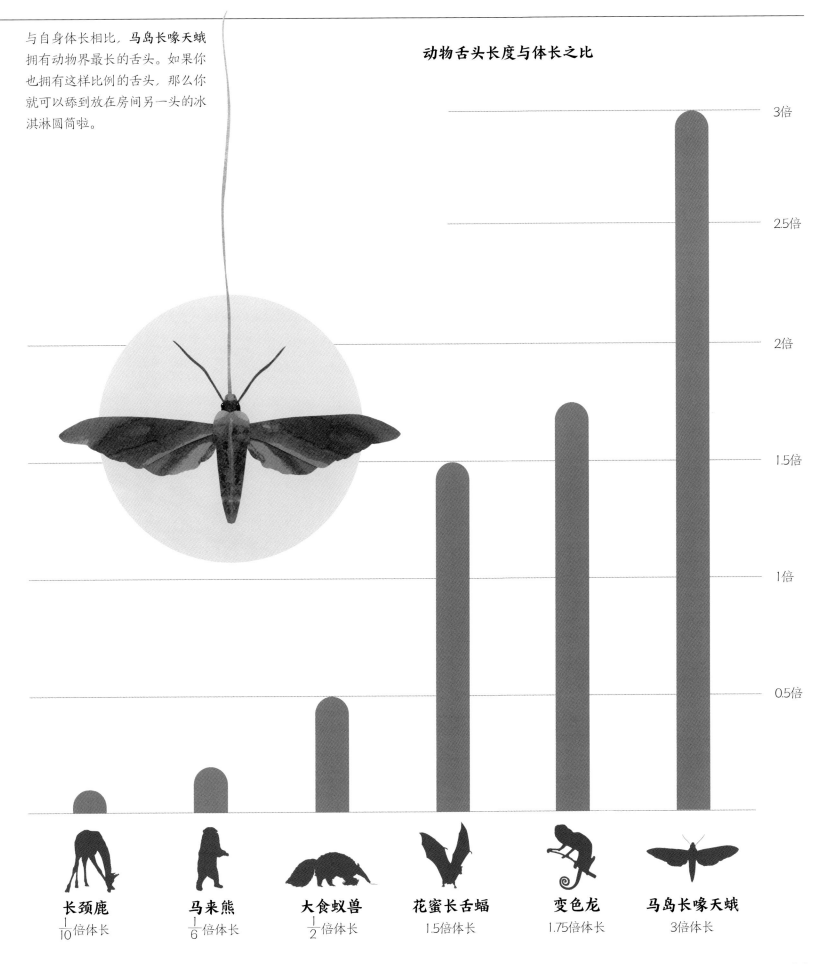

与自身体长相比，马岛长喙天蛾拥有动物界最长的舌头。如果你也拥有这样比例的舌头，那么你就可以舔到放在房间另一头的冰淇淋圆筒啦。

动物舌头长度与体长之比

3倍

2.5倍

2倍

1.5倍

1倍

0.5倍

长颈鹿	马来熊	大食蚁兽	花蜜长舌蝠	变色龙	马岛长喙天蛾
$\frac{1}{10}$倍体长	$\frac{1}{6}$倍体长	$\frac{1}{2}$倍体长	1.5倍体长	1.75倍体长	3倍体长

谁的声音大

尖叫、吼叫、啾啾、嚓嚓，动物通过声音进行交流，或保卫它们的领地，甚至把声音作为武器杀死猎物。许多动物能发出大到让我们感觉很痛苦的声音。

大象会发出一种深沉的隆隆声，可以传到数千米之外。不过，这种声音虽然很大，但音频很低，人类的耳朵是听不到的。

灌丛蟋蟀摩擦后肢发出如电锯般响亮的声音。

分贝是什么？

科学家们用"分贝"这一单位来测量声音的大小。0分贝就是人类能觉察到的最安静的声音。60分贝是日常交流的程度。120分贝以上的声音非常刺耳，会对人类的耳朵造成损伤。

电锯的声音大概这么响

狼
115分贝

大象
115分贝

灌丛蟋蟀
110分贝

鬣狗
110分贝

狮子
110分贝

金刚鹦鹉
105分贝

割草机的声音大概这么响

划蝽
100分贝

科奎鹏鸪蛙
100分贝

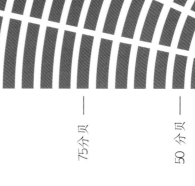

在空气中的分贝

在水中的分贝/在空气中的分贝

同样的声音在水中和在空气中测出的分贝不一样。

100分贝　　75分贝　　50分贝

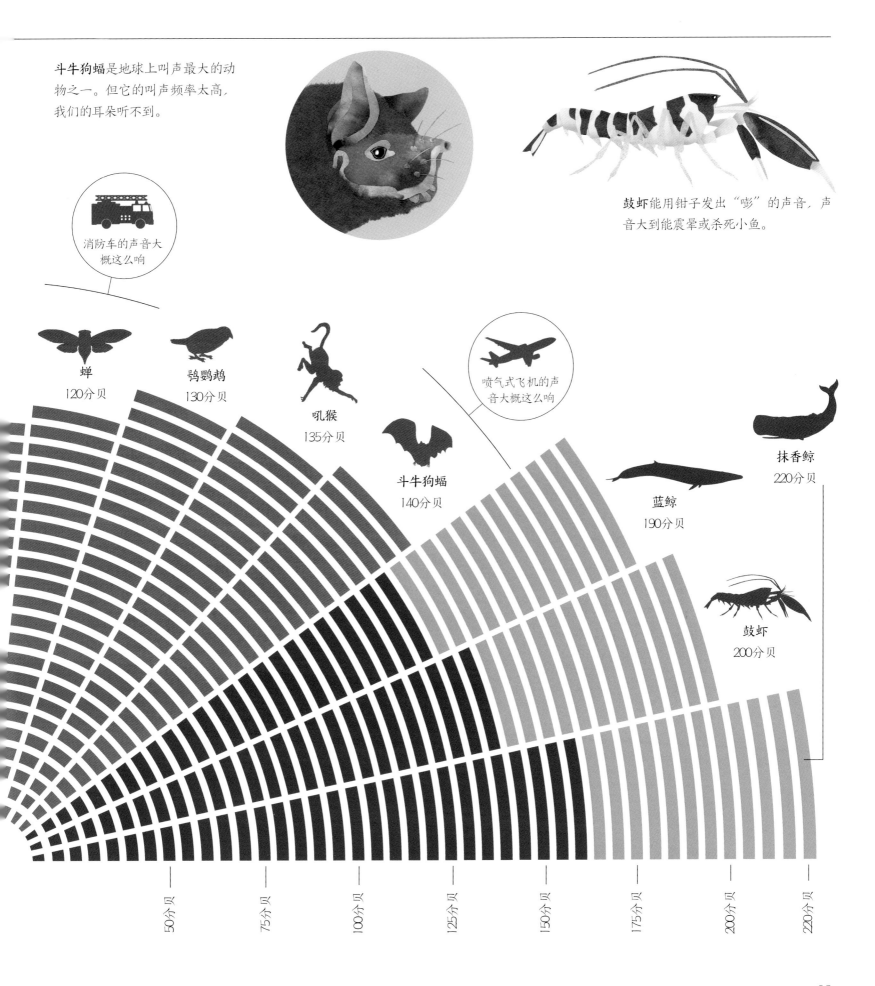

斗牛狗蝠是地球上叫声最大的动物之一。但它的叫声频率太高，我们的耳朵听不到。

消防车的声音大概这么响

鼓虾能用钳子发出"嘭"的声音，声音大到能震晕或杀死小鱼。

蝉
120分贝

鹋鹦鹉
130分贝

吼猴
135分贝

喷气式飞机的声音大概这么响

斗牛狗蝠
140分贝

蓝鲸
190分贝

抹香鲸
220分贝

鼓虾
200分贝

50分贝

75分贝

100分贝

125分贝

150分贝

175分贝

200分贝

220分贝

29

判断，再判断

当三带犰狳发现有另一只动物靠近时，它必须立刻判断该如何保护自己。

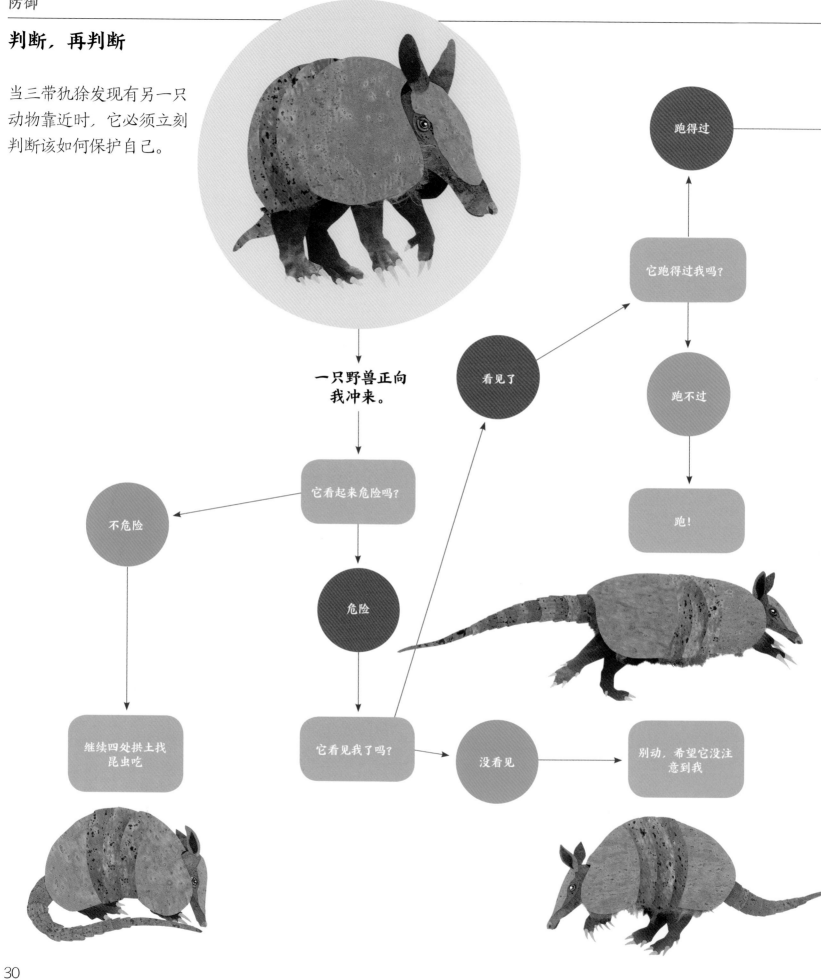

跑得过

它跑得过我吗？

看见了

跑不过

一只野兽正向我冲来。

跑！

它看起来危险吗？

不危险

危险

继续四处拱土找昆虫吃

它看见我了吗？

没看见

别动，希望它没注意到我

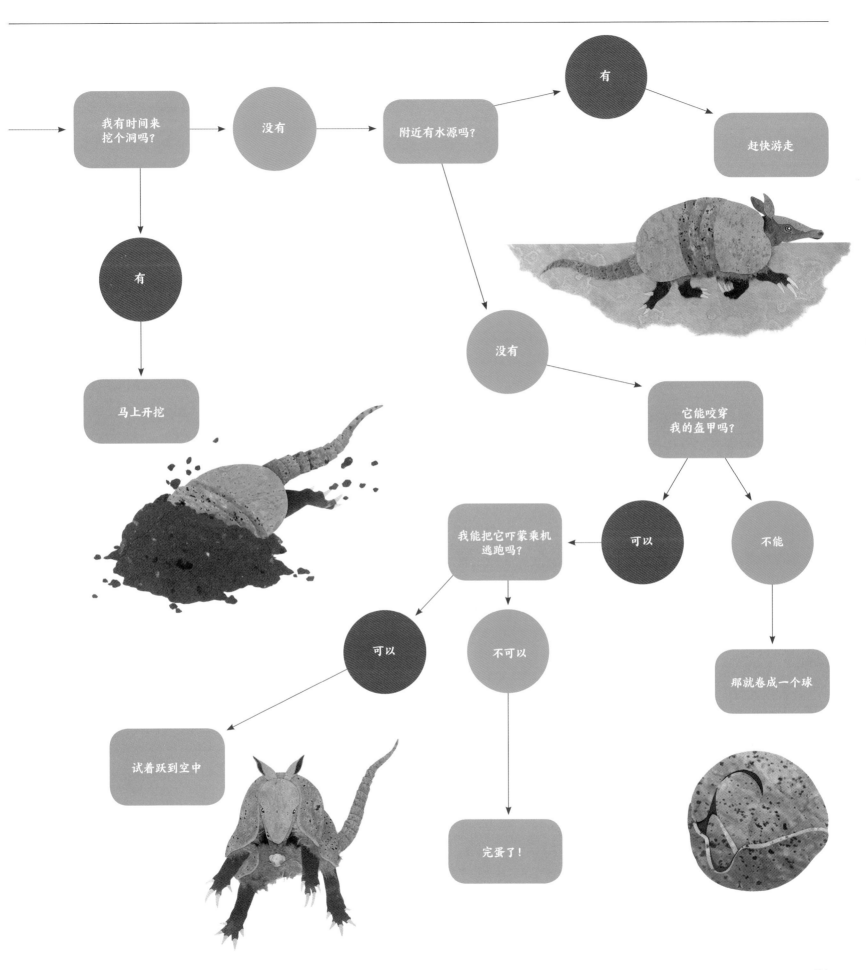

我有时间来
挖个洞吗？

没有

附近有水源吗？

有

赶快游走

有

马上开挖

没有

它能咬穿
我的盔甲吗？

我能把它吓蒙乘机
逃跑吗？

可以

不能

可以

不可以

试着跃到空中

完蛋了！

那就卷成一个球

31

致命的

许多动物用毒素或毒液来杀死猎物或者保护自己。有毒动物的毒素藏在肉或皮肤里。只有触碰或吃掉它们，才会中毒。而分泌毒液的动物则会用螫刺、牙或刺毛来注射毒素。

金色箭毒蛙
这种蛙的皮肤上带有动物界毒性最强的毒素。

等指海葵
这种花状生物的触须带有动物界毒性第二强的毒液。

内陆太攀蛇
它的毒牙能分泌出毒性最强的蛇毒。

大理石鸡心螺
这种螺通过将毒液射向猎物来捕猎。

箱水母
这种微型生物的毒液杀死的人比本页上任何其他动物都多。

悉尼漏斗网蜘蛛
这种世界上最毒的蜘蛛生活在澳大利亚。

 有毒
（有毒的皮肤或肉）

 分泌毒液
（注射毒液）

 有毒的皮肤或肉
（带有毒素的皮肤或身体）

 有毒的刺、附肢、刺细胞

 毒牙

玫瑰毒鲉
它的13根背鳍棘可以分泌鱼类中最致命的毒液。

河鲀
只有吃下这种鱼才会中毒。它的皮肤和一些内脏是有毒的。如果它的毒素是被注射进人体内，毒性会更强——被吃进肚子里时毒性会减弱。

蓝圈章鱼
它的毒液毒性也许不如本页其他动物的强大，但千万不要小看它：成人被这种小章鱼咬上一口，几分钟内就会丧命。

图中的圆圈代表同等毒效下的毒素分量。圆圈越小，毒物或毒液的毒性就越强。

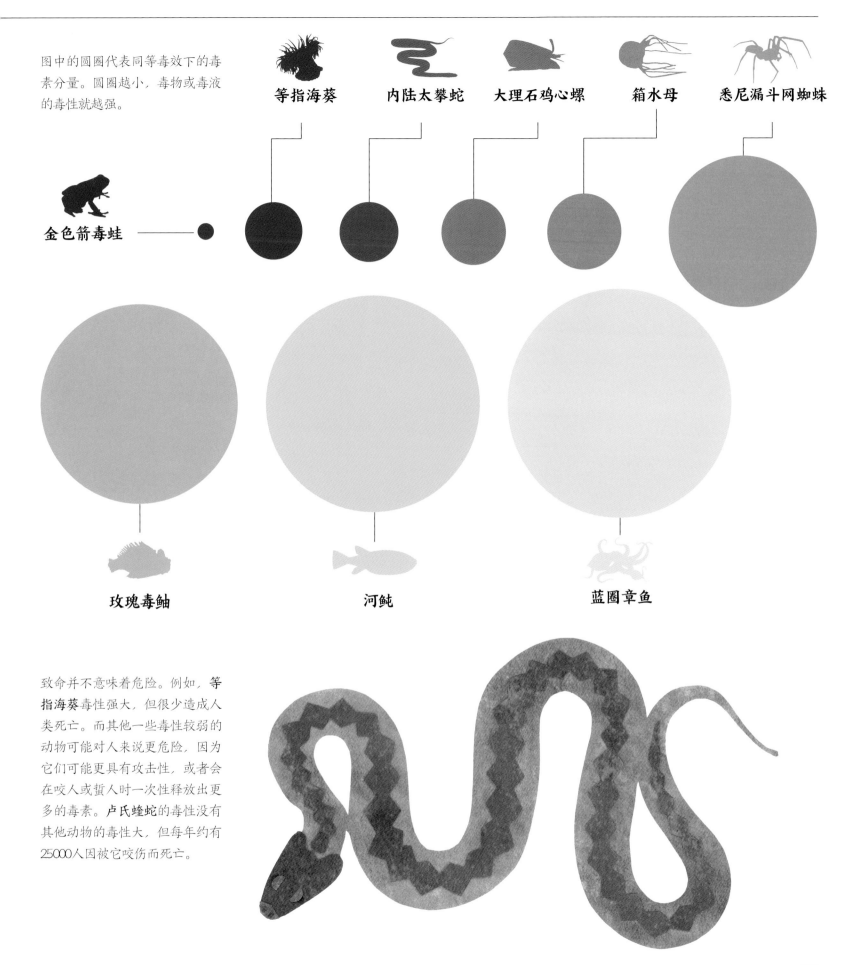

等指海葵

内陆太攀蛇

大理石鸡心螺

箱水母

悉尼漏斗网蜘蛛

金色箭毒蛙

玫瑰毒鲉

河鲀

蓝圈章鱼

致命并不意味着危险。例如，**等指海葵**毒性强大，但很少造成人类死亡。而其他一些毒性较弱的动物可能对人来说更危险，因为它们可能更具有攻击性，或者会在咬人或蜇人时一次性释放出更多的毒素。**卢氏蝰蛇**的毒性没有其他动物的毒性大，但每年约有25000人因被它咬伤而死亡。

哪些动物杀死的人最多?

在世界上许多地方,动物都对人类安全构成严重威胁。有些动物将人类视为猎物。有些动物用毒素来狩猎或自卫。更危险的是,有些动物携带致命疾病。

河马看起来性格温顺。但当它感觉受到威胁时,会表现出强烈的攻击性,这让河马成为世界上最危险的大型动物之一。

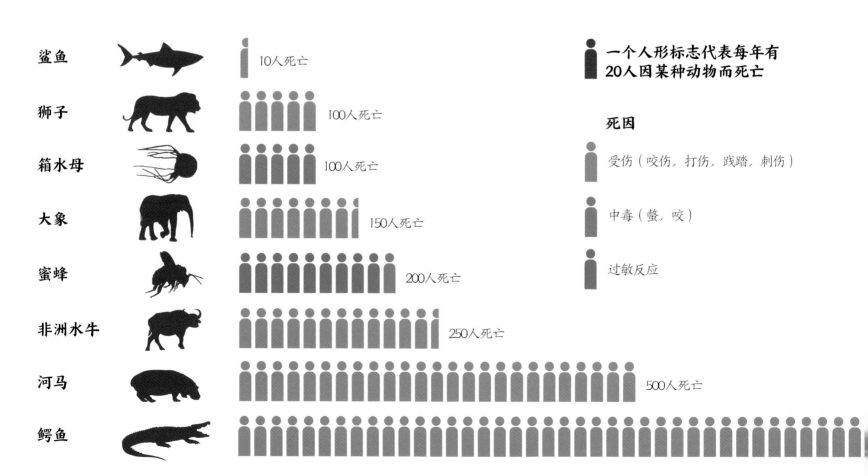

鲨鱼　10人死亡

狮子　100人死亡

箱水母　100人死亡

大象　150人死亡

蜜蜂　200人死亡

非洲水牛　250人死亡

河马　500人死亡

鳄鱼

一个人形标志代表每年有20人因某种动物而死亡

死因

受伤(咬伤,打伤,践踏,刺伤)

中毒(螫,咬)

过敏反应

鲨鱼，尤其是**大白鲨**，是最令人闻风丧胆的动物之一。但是其他动物杀死的人数更多。在全世界范围内，每年大约有10人被鲨鱼咬死。但人类每年杀死约1亿头鲨鱼。这并不是一场势均力敌的战争。

蜜蜂杀死的人数是鲨鱼的20倍。

鳄鱼是世界上最危险的大型动物。

1500人死亡

像黑肥尾蝎和金环蛇这样剧毒的动物拥有致命杀伤力一点也不奇怪，但大多数人没有意识到狗到底有多危险。即使是被小型犬咬一口，也有可能感染狂犬病这种致命疾病。舌蝇同样危险，它是一种致命病毒的携带者。

黑肥尾蝎

金环蛇

舌蝇

黑肥尾蝎　　5000人死亡

　一个人形标志代表每年死亡2000人

舌蝇　　　10000人死亡（感染昏睡病毒）

狗　　　　　55000人死亡（大部分死于狂犬病，还有几百人是被咬死的）

蛇　　　　

蚊子　　　

死因

受伤（咬伤，打伤，踩踏，刺伤）

中毒（蜇，咬）

疾病（通过咬噬传播）

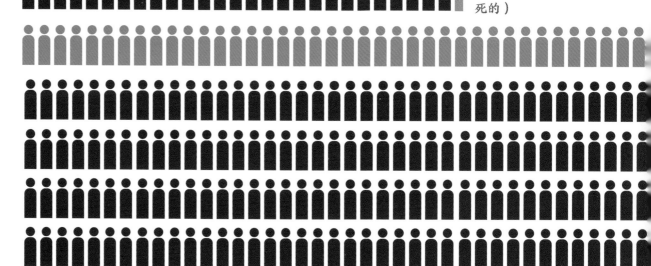

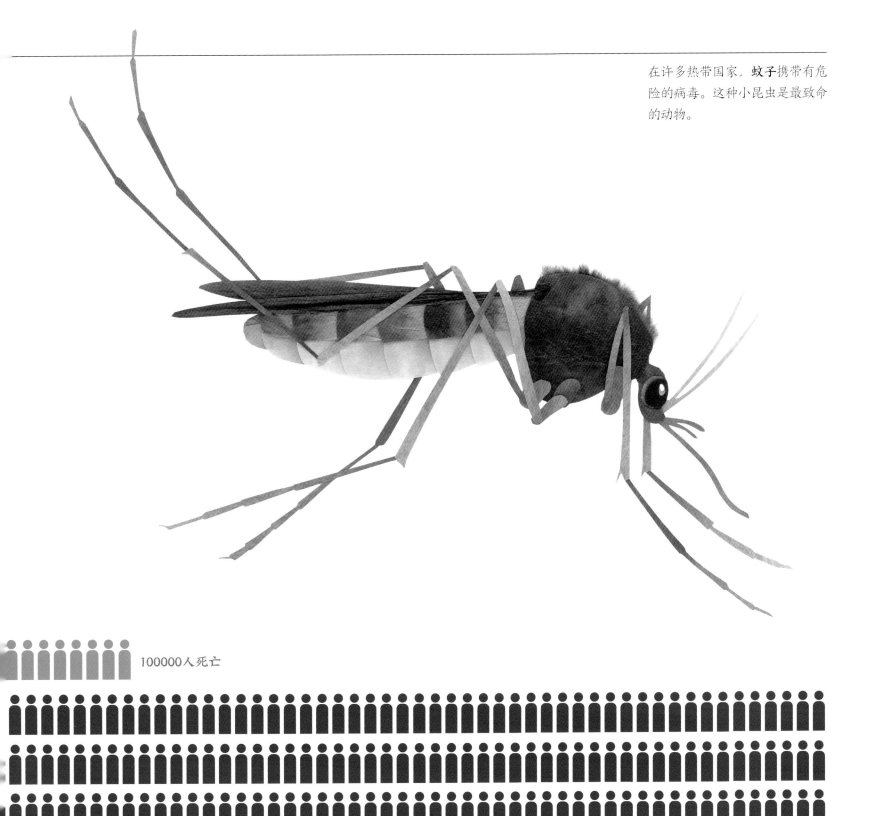

在许多热带国家，蚊子携带有危险的病毒。这种小昆虫是最致命的动物。

100000人死亡

1000000人死亡（感染疟疾和其他疾病）

37

高山之巅与海洋深处

在高海拔地区，动物很难获得充足的氧气。而生活在海洋深处的动物则要面临其他挑战。水压，这种来自上面所有海水的重量，会压碎任何不适应居住在那里的生物。

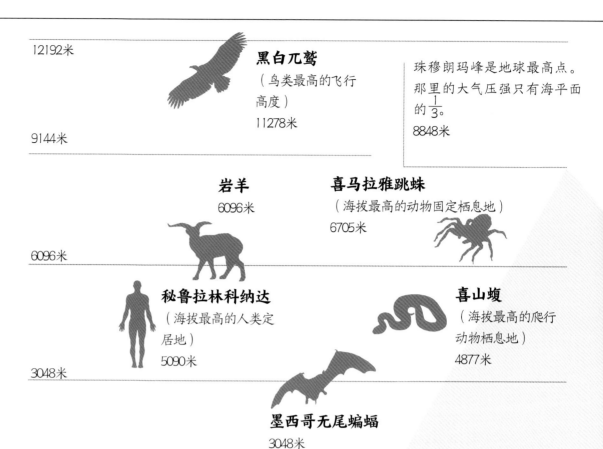

12192米

黑白兀鹫
（鸟类最高的飞行高度）
11278米

珠穆朗玛峰是地球最高点。那里的大气压强只有海平面的 $\frac{1}{3}$。
8848米

9144米

岩羊
6096米

喜马拉雅跳蛛
（海拔最高的动物固定栖息地）
6705米

6096米

秘鲁拉林科纳达
（海拔最高的人类定居地）
5090米

喜山蝮
（海拔最高的爬行动物栖息地）
4877米

3048米

墨西哥无尾蝙蝠
3048米

海平面

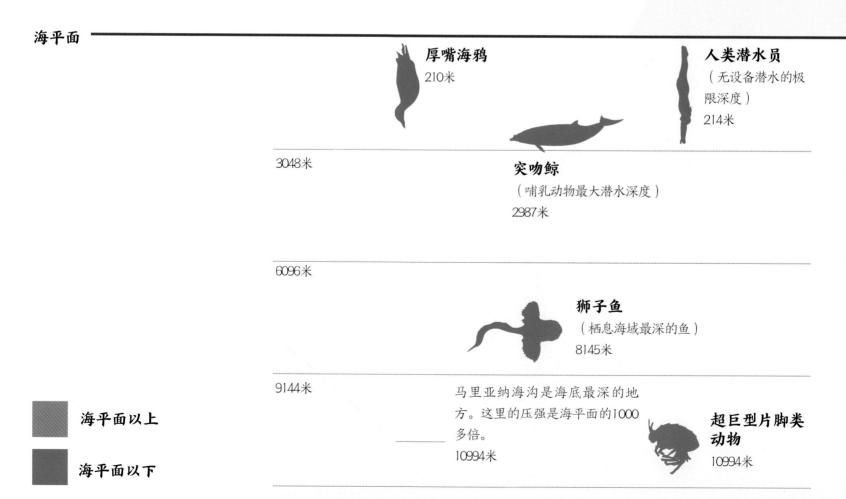

厚嘴海鸦
210米

人类潜水员
（无设备潜水的极限深度）
214米

3048米

突吻鲸
（哺乳动物最大潜水深度）
2987米

6096米

狮子鱼
（栖息海域最深的鱼）
8145米

9144米

马里亚纳海沟是海底最深的地方。这里的压强是海平面的1000多倍。
10994米

超巨型片脚类动物
10994米

海平面以上

海平面以下

喜马拉雅跳蛛生活在海拔6500米以上的地方。

1973年，一架喷气式飞机与**黑白兀鹫**在11278米的高空（这是鸟类飞行高度的最高纪录）相撞。飞机安然无恙，但兀鹫的情况不太乐观。

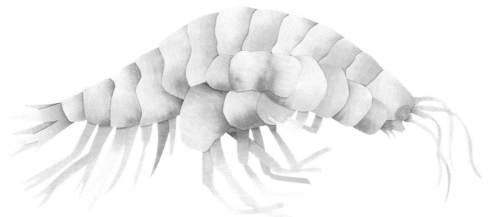

在很长一段时间内，科学家们认为没有动物能在海洋最深处的巨大压力下生存。当他们终于到达马里亚纳海沟最深处时，却惊讶地发现了**超巨型片脚类动物**——一种约30厘米长、形似虾类的生物。

不惧高温，不畏严寒

有些动物能在地球上最极端的温度下茁壮成长。它们已经适应了极度炎热或寒冷的环境，而大多数其他动物在这种环境中很快就会死亡。

庞贝虫的身体被嗜热细菌覆盖着。这种细菌能为庞贝虫提供食物。庞贝虫会把尾巴放入海底火山口流出的热水中，但会把头放在温度较低的水中。

帝企鹅在南极的冬天也会在露天生活。它能忍受地球上最低的温度。

陆生动物

水生动物

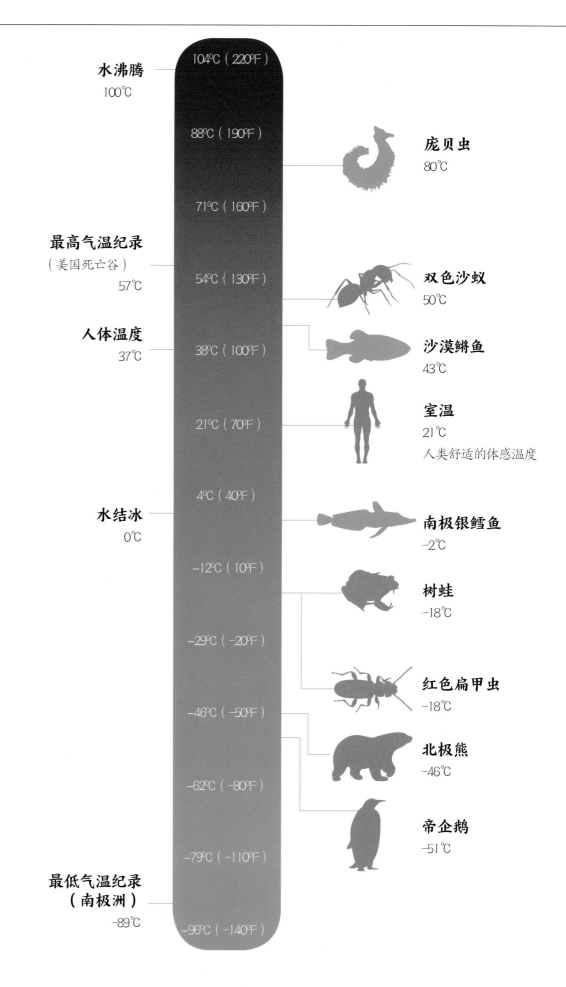

水沸腾
100℃

104℃（220℉）

88℃（190℉）
庞贝虫
80℃

71℃（160℉）

最高气温纪录
（美国死亡谷）
57℃

54℃（130℉）
双色沙蚁
50℃

人体温度
37℃

38℃（100℉）
沙漠鳉鱼
43℃

21℃（70℉）
室温
21℃
人类舒适的体感温度

4℃（40℉）

水结冰
0℃

南极银鳕鱼
-2℃

-12℃（10℉）

树蛙
-18℃

-29℃（-20℉）

红色扁甲虫
-18℃

-46℃（-50℉）

北极熊
-46℃

-62℃（-80℉）

帝企鹅
-51℃

-79℃（-110℉）

最低气温纪录
（南极洲）
-89℃

-96℃（-140℉）

小小的**水熊虫**几乎能在地球上的任何地方生存。迄今为止，它是动物世界的抗寒和耐热冠军。通过脱水——把身体中的水分排出，它可以在寒冷如-200℃和炙热如151℃的条件下生存。水熊虫甚至曾在寒冷、真空的太空中存活了好几天。

这个圆圈里显示的是一只真实大小的**水熊虫**。

世界旅行者

有些动物会为了寻找食物、配偶或新的栖息地而长途旅行。当这种行为开始有规律地——通常是随着季节的变迁发生时，就被称为"迁徙"。

北极燕鸥每年从北极飞到南极，再从南极飞回北极。在每年的迁徙大军中，它比其他任何动物都旅行得更远。

年度迁徙距离

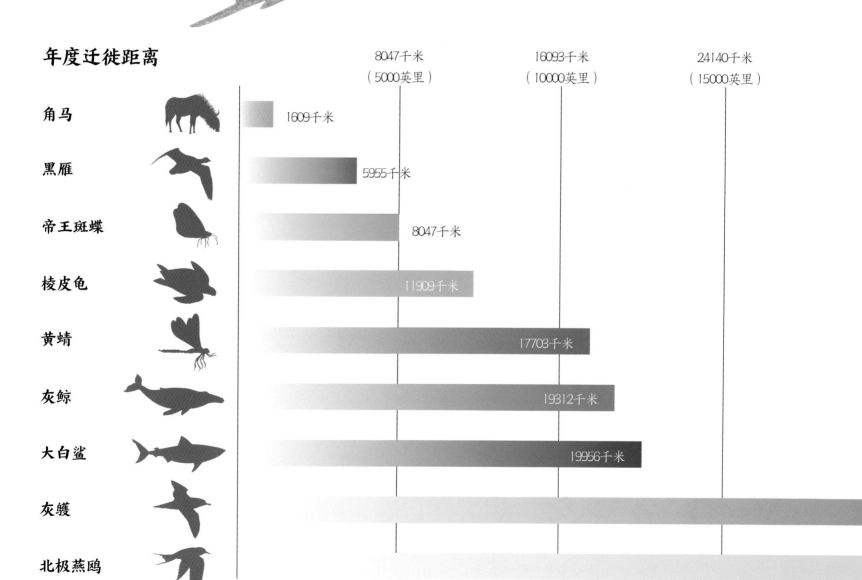

	8047千米（5000英里）	16093千米（10000英里）	24140千米（15000英里）
角马	1609千米		
黑雁	5955千米		
帝王斑蝶	8047千米		
棱皮龟	11909千米		
黄蜻	17703千米		
灰鲸	19312千米		
大白鲨	19956千米		
灰鹱			
北极燕鸥			

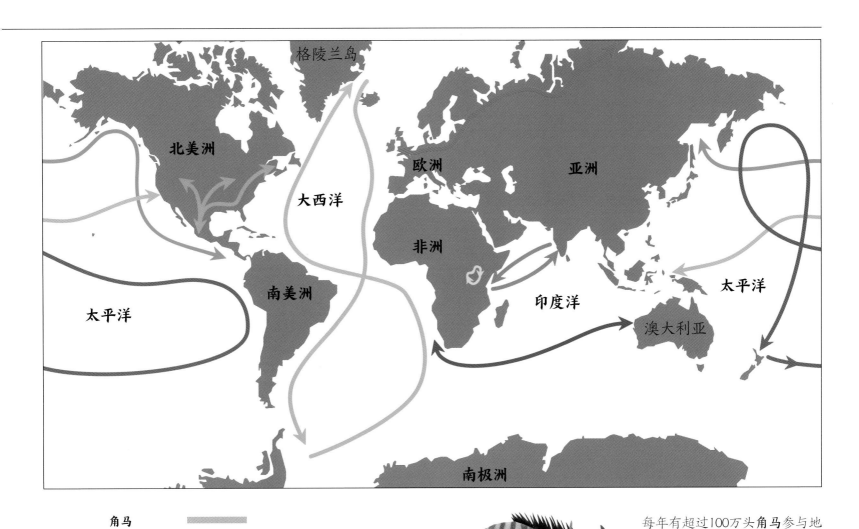

角马	
黑雁	
帝王斑蝶	
棱皮龟	
黄蜻	
灰鲸	
大白鲨	
灰鹱	
北极燕鸥	

每年有超过100万头角马参与地球上最盛大的陆生动物迁徙。

40234千米	48280千米	56327千米	64374千米	72420千米
（25000英里）	（30000英里）	（35000英里）	（40000英里）	（45000英里）

64374千米

70811千米

大灾难！

在过去的5亿年里，地球至少经历了5次物种大灭绝。每次物种大灭绝都导致了当时超过半数的动物物种灭绝。但这些灾难也造就了一部分赢家：那些在灾难中幸存的动物，它们的种群繁衍壮大了。

恐龙可能是最著名的灭绝物种。但它们并不是个例。如今，曾经存在过的物种中有99%都已经消失了。这些物种大多灭绝于5次物种大灭绝中的某一次。

每次物种大灭绝，都会有许多物种灭绝，为那些存活下来的幸运儿们腾出了生存空间。这些图表只展示了最广为人知的一部分动物。

 灭绝物种所占百分比

幸存物种所占百分比

可能导致灭绝的原因

气候变化

 火山活动

小行星或彗星撞击

 人类活动

5亿年前　　4.5亿年前　　4亿年前　　3.5亿年前

4.4亿年前

85%的动物物种死亡

输家：
鹦鹉螺目动物、珊瑚、甲壳类动物

赢家：
海百合纲动物
（像植物的动物）

地球更冷了，大部分的水域都被冻住了。没有动物在陆地上生活。

3.6亿年前

75%的动物物种死亡

输家：
盾皮鱼纲、珊瑚

赢家：
鲨鱼和硬骨鱼

这一事件持续了约2000万年，可能是气候和海平面剧烈变化的结果。

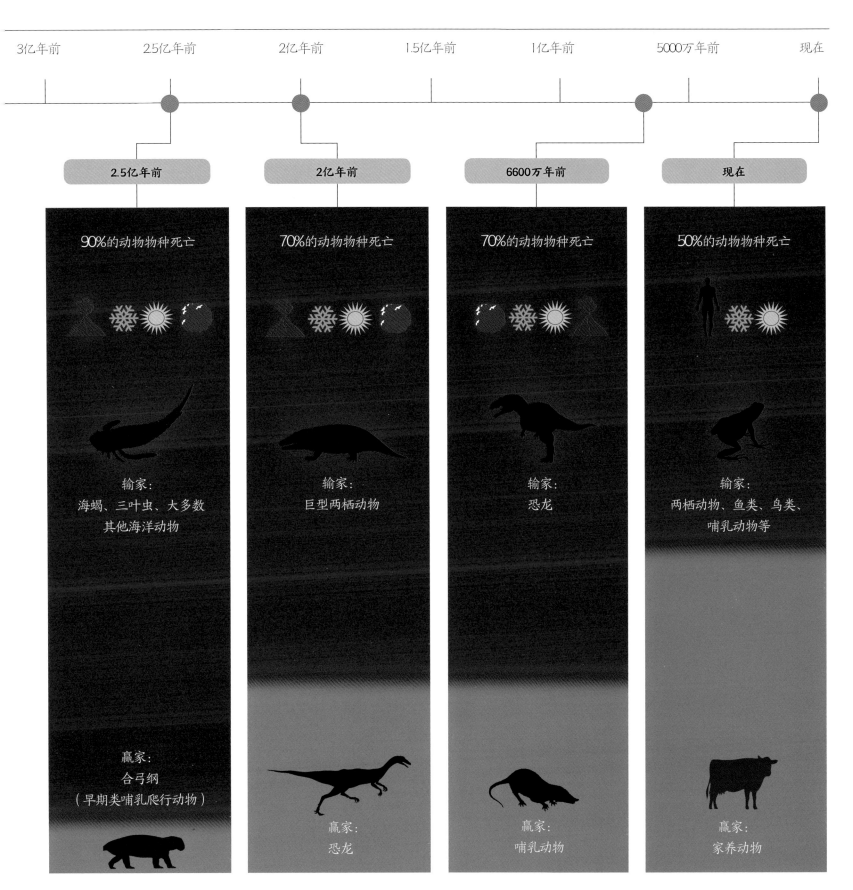

2.5亿年前	2亿年前	6600万年前	现在

90%的动物物种死亡

输家:
海蝎、三叶虫、大多数
其他海洋动物

赢家:
合弓纲
（早期类哺乳爬行动物）

最大的一次物种灭绝。这次灭绝可能是小行星或彗星撞击造成的，也可能是火山活动造成的，或者是两者共同导致的。

70%的动物物种死亡

输家:
巨型两栖动物

赢家:
恐龙

火山活动可能是这次大灭绝的主要原因。

70%的动物物种死亡

输家:
恐龙

赢家:
哺乳动物

一颗城市大小的小行星撞上了地球，造成了可怕的破坏。大量的熔岩流也可能"功"不可没。

50%的动物物种死亡

输家:
两栖动物、鱼类、鸟类、哺乳动物等

赢家:
家养动物

我们正处于由人类造成的第六次物种大灭绝之中。在未来50年里，可能有一半的动物物种会灭绝。

几乎灭绝

这些动物是地球上最濒危的动物。其中，每一种生物的个体存活量都不到100。

斑鳖可能是目前世界上最濒危的动物。如今，人类已知的斑鳖只有三只：一只生活在中国的动物园里；另外两只生活在越南的两个湖中。

● =一个动物个体

什么在威胁着它们?

 栖息地的消失

 作为收藏品

 狩猎/偷猎

 钓鱼/偷猎

迈阿密蓝蝶 仅剩不到100只	●●●		
金头猴 仅剩70只	●●		
爪哇犀牛 仅剩60头	●●		
斯比克斯金刚鹦鹉 仅剩40只	●●		
远东豹 仅剩35只	●●●●●●●●●●●●●●●●●●●●●●●●●●●●●●●●●●●		
白鳍豚 仅剩20头（？）	●●●●●●●●●●●●●●●●●●●●		
斑鳖 仅剩3只	●●●		

白鳍豚是一种淡水豚，原产于中国长江。仅存20头是猜测，这个物种可能已经灭绝了。

世界上最濒危的灵长类动物是**金头猴**。这种动物被作为食物捕杀，并且它们栖息的森林正遭到砍伐。

1992年，一场飓风摧毁了**迈阿密蓝蝶**唯一的已知栖息地。若干年后，在佛罗里达州发现了这个珍稀物种的另外一小块栖息地。

偷猎者们捕杀**爪哇犀牛**，因为他们迷信它的犀牛角拥有神秘的力量。

远东豹是世界上最濒危的大型猫科动物。因为皮毛，它们曾一度被猎杀到几近灭绝。

几年前，世界上仅有17只**斯比克斯金刚鹦鹉**，但此后，人工繁殖使它们的数量有所增长。

这本书中事实和数据的来源相当广泛。

其中大部分数据都可查证。想要知道一只动物的大小，测量出它的角的长度，或者计算它拍打翅膀的频率，都不难办到。还有一些数据是科学家的据理推测——我们无法确切算出海洋中所有的乌贼加起来一共有多重，也不知道蛤蚌到底能活多久。还有许多情况，如游隼的速度或软体动物的数量，有许多可靠的来源提供了不同的数据。对于这种情况，在咨询和参考了很多来源后，我通常选取了比较居中的数据。

ANIMALS BY THE NUMBERS：A Book of Animal Infographics by Steve Jenkins
Copyright © 2016 by Steve Jenkins
Published by arrangement with Houghton Mifflin Harcourt Publishing Company
through Bardon-Chinese Media Agency
Simplified Chinese translation copyright © 2018
by ThinKingdom Media Group Ltd.
ALL RIGHTS RESERVED

著作版权合同登记号：01-2017-7581

图书在版编目（CIP）数据

动物大数据 /（美）史蒂夫·詹金斯著；曾菡译
. —— 北京：新星出版社，2018.6（2025.4重印）
ISBN 978-7-5133-2929-3

Ⅰ. ①动… Ⅱ. ①史… ②曾… Ⅲ. ①动物－普及读
物 Ⅳ. ① Q95-49

中国版本图书馆 CIP 数据核字（2018）第 038696 号

动物大数据

[美] 史蒂夫·詹金斯　著
曾　菡　译

责任编辑　　汪　欣
特约编辑　　涂晓雪　余雯婧
封面设计　　陈　玲
内文制作　　陈　玲
责任印制　　李珊珊　万　坤
出　　版　　新星出版社　www.newstarpress.com
出 版 人　　马汝军
社　　址　　北京市西城区车公庄大街丙 3 号楼　邮编 100044
　　　　　　电话 (010)88310888　传真 (010)65270449
发　　行　　新经典发行有限公司
　　　　　　电话 (010)68423599　邮箱 editor@readinglife.com
印　　刷　　北京富诚彩色印刷有限公司
开　　本　　950mm×1230mm　1/16
印　　张　　3
字　　数　　7 千字
版　　次　　2018 年 6 月第 1 版
印　　次　　2025 年 4 月第 8 次印刷
书　　号　　ISBN 978-7-5133 – 2929-3
定　　价　　49.80 元
版权专有，侵权必究
如有印装质量问题，请发邮件至 zhiliang@readinglife.com